绿色星球
THE GREEN PLANET

# 雨林天地

[英]丽莎·里根 文　　管靖 译

科学普及出版社
·北　京·

北京市版权局著作权合同登记　图字：01-2024-3154

图书在版编目（CIP）数据

绿色星球 . 雨林天地 /（英）丽莎·里根文；管靖
译 . -- 北京：科学普及出版社，2024.7
　ISBN 978-7-110-10714-0

Ⅰ . ①绿… Ⅱ . ①丽… ②管… Ⅲ . ①雨林 – 植物 –
少儿读物 Ⅳ . ① Q94–49

中国国家版本馆 CIP 数据核字（2024）第 066751 号

| | | | |
|---|---|---|---|
| 总 策 划：秦德继 | | 封面设计：张　苗 | |
| 策划编辑：周少敏　李世梅　马跃华 | | 版式设计：金彩恒通 | |
| 责任编辑：李世梅　郭春艳　王一琳　阎晓慧　林晓萌 | | 责任校对：邓雪梅 | |
| 助理编辑：王丝桐 | | 责任印制：李晓霖 | |

出版：科学普及出版社　　　　　　　　　　　邮编：100081
发行：中国科学技术出版社有限公司　　　发行电话：010-62173865
地址：北京市海淀区中关村南大街 16 号　　传真：010-62173081
网址：http://www.cspbooks.com.cn

开本：787mm×1092mm　1/12
印张：20　　　　　　　　　　　　　　　字数：400 千字
版次：2024 年 7 月第 1 版　　　　　　　印次：2024 年 7 月第 1 次印刷
印刷：北京世纪恒宇印刷有限公司

书号：ISBN 978-7-110-10714-0 / Q·299　　定价：168.00 元（全 5 册）

我们周围几乎处处都有植物。**植物不仅在树林、雨林、公园和花园里生长，在路面的缝隙中也能生根发芽，还有很多种植在农田里。**

我们对植物有多依赖？答案可能超乎你的想象。植物为大气输送氧气，为人类和其他动物提供各种食物，甚至在一定程度上还影响降水。

热带雨林里的植物种类比地球上其他任何地方都多，那里俨然是植物的大战之地。

植物到底有着怎样的魅力？让我们一探究竟吧！

# 植物的组成

从高大的红杉树到小小的芜萍，植物的形状和大小虽然多种多样，但它们都有着相似的基本结构。植物通常由根、茎、叶组成，有些植物还有花，可以帮助它们繁衍后代。

根一般埋在土壤里，帮助植物固定。植物的根上还生有细小的根毛，这些根毛能为植物从土壤中吸收水分和无机盐。

有些植物的根会露出地面。这些根像支柱一样，给植物提供额外的支持。

茎将水分和无机盐由根输送到叶。有些植物的茎很强壮，可以直立。有些植物的茎很灵活，可以绕过障碍物，或贴着地面蔓延生长。

树木都有一段木质的、不分叉的茎，是树干。随着树龄的增长，树干通常会越来越粗、越来越高。

叶片捕获阳光，并将其转化为植物的"食物"（请参阅第 8 页）。在这个过程中，它们还吸收二氧化碳，释放氧气。一般情况下，叶片暴露在阳光下的面积越大，对植物越有利。

4

**开花植物遍及世界各地，但在热带地区尤其常见。这些植物会产生花朵、果实和种子。花朵通常靠鲜艳的颜色和强烈的气味吸引传粉者。**

一朵花由不同的部分组成，每个部分都有各自的作用。花的雄性部分被称为雄蕊，能产生花粉。花的雌性部分被称为雌蕊，产生胚珠。雄蕊上的花粉必须转移到雌蕊的胚珠上，植物才能受精。

雌蕊包括三部分：花柱、柱头和子房（内含胚珠）。雄蕊包括两部分：花药（产生花粉的地方）和花丝（像细小的茎）。

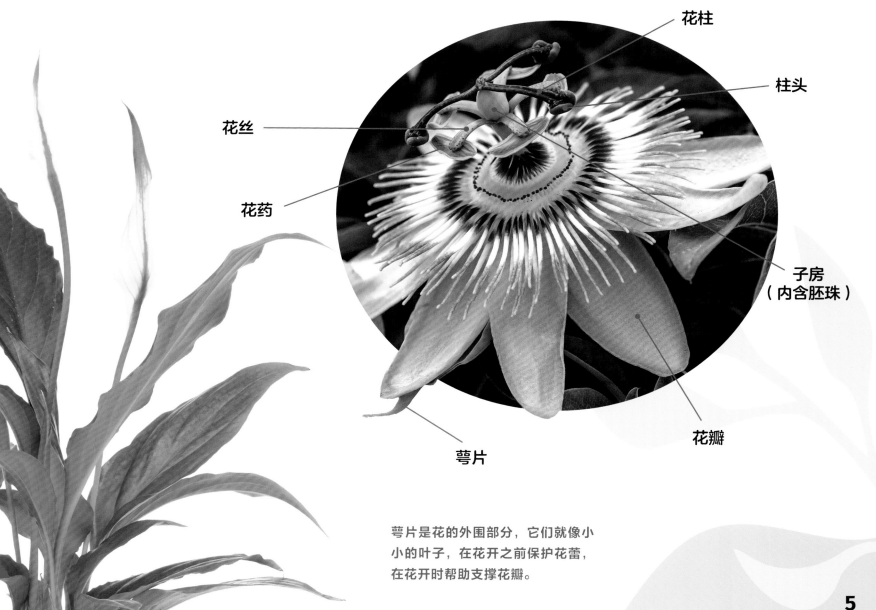

花柱

柱头

花丝

花药

子房
（内含胚珠）

花瓣

萼片

萼片是花的外围部分，它们就像小小的叶子，在花开之前保护花蕾，在花开时帮助支撑花瓣。

# 生命周期

植物的终极目标就是繁殖更多同种个体。如果一株植物繁衍出了后代，便可称得上成功。大多数植物的一生都从种子开始，经过发芽和生长，逐渐长成成熟的个体。

大约 80% 的植物是开花植物。花可以产生胚珠和花粉，使植物得以繁衍。花粉是由细小颗粒组成的粉末，花粉通过传递，从雄蕊落到雌蕊上，完成传粉。一旦受粉，这棵植物就可以产生种子，将生命循环下去。

有些开花植物会分泌香甜的花蜜，吸引蜜蜂、蝴蝶和蜂鸟过来采食。在这些动物从一朵花飞到另一朵花，寻找更多花蜜的过程中，花粉就被它们携带着一路传播。

蕨类植物没有花，但它们的叶上会产生数百万的生殖细胞——孢子。这些孢子通过风或动物传播。

有些植物可以通过自我复制进行繁殖，不需要传粉受精。其中有一些可以利用鳞茎、块茎或根状茎繁殖。鳞茎在地下储存能量，春天开花，比如洋葱。块茎是肉质肥大的地下茎，可以萌发新芽，比如长在地里的马铃薯。根状茎是另一种类型的地下茎，能产生新的根和芽，比如莲藕。

植物不能像人一样四处走动，传播花粉。它们必须通过其他方式来传播，比如可以通过风或水，但最常见的情况是，花粉粘在过来觅食的小动物（如蝙蝠、小鼠等小型哺乳动物，鸟类或昆虫）身上，然后随着它们在花与花之间的移动而传播。

同样，种子也需要依靠新颖的方式来传播。很多种子藏在果实里面，果实被动物吃掉后，种子就混在了动物的粪便里，被排泄到其他地方。除此之外，有些种子会附着在动物的毛皮或羽毛上，有些种子会被风吹走，还有些种子会被流水带走。

一棵龙脑香树一次可以产生一万多颗种子。

在自然界中，鹤鸵是重要的"种子传播者"之一。有 70 多种树木依靠这种体形巨大、不会飞的鸟来播种。鹤鸵会吃下它们的果实，并通过粪便将种子散播到远离母树的地方。

即使是禾草，也会开花结籽。禾草的种子很轻，可以被风带走。

# 阳光就是生命

阳光赋予植物生命的力量。植物需要利用阳光来为自己制造"食物"，这一过程叫作光合作用。植物、藻类和某些细菌都会进行光合作用。

在光合作用的过程中，植物从土壤和空气中吸收水和二氧化碳，植物的叶片利用光将水和二氧化碳转化为糖类和氧气。糖类为植物提供生长所需的能量，而氧气被植物释放到空气中，供人类和动物呼吸。

扫码看视频

植物叶片的表皮上分布着很多肉眼无法分辨的小孔——气孔。气孔张开，叶片不仅可以吸收二氧化碳，还可以释放出光合作用过程中产生的氧气。蒸腾作用中散失的水分也会通过气孔释放出来。

植物的叶片里含有叶绿体。叶绿体极其微小，一般存在于叶肉细胞内。在进行光合作用时，叶绿体会朝着光线移动并捕获二氧化碳，制造出植物生长所需的糖类物质。

氧气对于人类生命至关重要，而碳也是如此。每种生物的细胞内都有含有碳化合物，并且碳的吸收和释放会贯穿生物的整个生命过程。通过这种方式，碳在生物和碳储存库之间不断移动，形成碳循环。

碳的存储形式多种多样，它可以存在于大气中，也可以存在于一些海洋生物的壳里，还可以存在于构成地球的岩石中。碳还被植物用来制造茎和叶，而当植物被动物吃掉时，碳便储存在了动物体内。植物和动物死亡后，它们的尸体会被分解，所含的碳也随之回到它们所在的岩石和土壤中。就这样，地球上的碳一直处于循环流动中。

不幸的是，我们燃烧化石燃料的行为会破坏碳循环的平衡，这种失衡会引起气候变化和全球变暖。

有极少数植物不自给自足，而是从其他植物那里"偷食"，它们被称为寄生植物，右图中的野菰就是一个例子。后文还将介绍更多关于这类植物的知识。

# 热带奇境

在热带，有一片广阔的绿色区域，它是热带雨林。在美洲大陆，热带雨林主要从墨西哥一直向南延伸到亚马孙平原。非洲的热带雨林环绕着刚果河。大洋洲赤道附近的地区和亚洲东南部也有热带雨林。

在热带雨林中，小到地面上不起眼的小花，大到高耸入云的巨树，各种植物数不胜数。

中美洲和南美洲的热带雨林中有超过 10 万种不同的植物。

走进热带雨林，很多在这里安家的生物都不会出现在你的视线范围内，但你能听到它们发出的各种各样的声音。这里光线昏暗，只有百分之二的阳光能够径直照射到森林的地面上。生活在热带雨林中的植物不得不适应这种状况，它们互相竞争，向上攀爬，争夺阳光。

热带雨林只覆盖了地球表面很小的一部分，但在这里我们能够找到地球上超过半数的物种。

11

在高山上，雨林的树冠处通常云遮雾绕，这样的雨林被称为云雾林。比起其他雨林，云雾林更加潮湿，所含的物种往往较少，树木也不像其他雨林的巨型树种那样高大笔直。

# 热带雨林

在热带雨林里，阳光格外珍贵。树木长得越高，享受到的阳光就越多。世界上的很多巨型树种正是在这样的环境中孕育的。这些巨大的树木冲破四周层层叠叠的树冠，直指苍穹。比如，亚马孙雨林中高高耸立的巴西坚果树，高达 50 米。

热带雨林多雨，为了适应多雨的环境，生活在热带雨林的很多植物都有着蜡质的叶片，这样的叶片可以让水更容易流走。雨水虽然滋润土地，但也会冲走土壤中的营养物质，仅剩的一点儿养分都在土壤的表层，所以热带雨林里的树木根系很浅，以便从地表中吸收尽可能多的无机盐。

值得注意的是，很多生长在热带雨林里的植物不依靠土壤也能生长，它们被称为气生植物或附生植物，其中有些就长在树枝上。它们会从雨水或潮湿的空气中吸收所需的水分，还会以不同寻常的方式获取养分。有些靠收集掉落的残渣碎屑，另一些则依靠昆虫和其他动物的粪便或尸体提供营养。

说到热带雨林中最引人注目的花，兰花家族的成员必然榜上有名。从热带到北极，兰花可以盛开在各种各样的环境中。

世界上有超过 25 000 种兰科植物，这一数量大约是我们已知的哺乳动物种类数量的四倍！

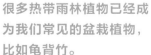

很多热带雨林植物已经成为我们常见的盆栽植物，比如龟背竹。

# 阳光 争夺战

这里是南美洲的热带雨林。在这里，不是每一种植物都能拥有充足的阳光和水分。根据吸收到的光照和雨水，热带雨林从上到下分为四层，每一层的植物和生活在其中的动物都各不相同。

**砰！**

热带风暴裹挟着闪电袭来。最高的那棵树木因为比周围的树木高出一截，自然成了闪电袭击的首要目标。只要有一棵巨树倒下，就会空出一个缺口，让阳光照射进来。

森林中最高、最突出的那些"露头树"最容易被闪电击中，其中一些甚至会被击倒。它们一旦倒下，就会腾出空间，让幼苗有机会从缝隙中长出来。

扫码看视频

热带雨林上层树木枝繁叶茂，相互交织，而下层那些较小的植物便常年被树冠的阴影笼罩，鲜少见到阳光。

热带雨林的地面上窸窸窣窣，好不热闹！

热带雨林的地面通常十分黑暗、潮湿，铺满了枯叶。蜘蛛、蜈蚣、蚂蚁、甲虫等在此处安家。这里是阳光争夺战开始的地方。

大树倒下后，阳光一泻而下，新生幼苗争先恐后地向上生长，一场激烈的空间和阳光争夺战就此展开。植物生长的速度各不相同，但它们都有一个共同的目标——在阳光下占有一席之地。

# 长势惊人

生长在中美洲和南美洲的轻木是生长速度最快的植物之一。与周围的植物相比，轻木的生长速度快得令人难以置信，它们能够迅速抢占林冠层中露出的任何缝隙。

轻木在短短一年多的时间内就能蹿升 10 米，而大多数树木在同样的时间内无法达到这种高度！这种树以最小的自重换取最大的高度，所以才能长得如此之快。轻木树干的内部结构是蜂窝状的，里面更多的是空气，这使得它们非常轻。轻木的生长速度比一般硬木树种快得多，但木质不如硬木坚硬，存活寿命也较短。

轻木的寿命大多在 20 至 30 年之间，而热带雨林中那些真正的巨树能活几百年。

扫码看视频

轻木的叶片很大，直径可达 40 厘米，有利于尽可能多地吸收阳光，但它们会阻挡下方生长较慢的植物接收光线。

　　轻木不仅生长迅速，而且急于繁殖。它们在树龄大约三四年的时候就会开花。花是白色单生花，单独一朵长在枝头上。和其他植物不一样，它们的花通常盛开在旱季。这样一来，它们就能在吸引传粉者的竞争中占得先机。

**19**

# 花蜜盛宴

如上文所述，植物本身是无法走动的，所以它们的繁殖有赖于其他生物。对于轻木来说，一些树栖动物就是它们的好帮手，比如蜂鸟、蝙蝠、猴子、负鼠，以及一种害羞的夜行哺乳动物——蜜熊，它们都可以帮助轻木将花粉从一朵花带到另一朵花上。

为什么这些动物会从众多的植物中选择轻木呢？因为轻木有很多很多香甜又美味的花蜜。

首先，轻木得让"客人们"注意到自己。它们会开出白色的大花。花朵差不多有人的手掌那么大，在黑夜中相当醒目。

轻木待客十分慷慨，它们的每朵花中都盛着满满的花蜜。这只来访的蜜熊毫不客气，但是即便它已经饱餐一顿，花朵中仍有多余的花蜜供下一位客人享用，因为轻木会一次又一次地给每朵花"续杯"——每晚可多达七次。

在仅仅数周的花期间，蜜熊能从轻木中获取 50 至 70 升花蜜。

20

此时正值旱季，其他植物生长缓慢，轻木更容易受到动物们的青睐。当其他植物还在默默等待的时候，轻木却分秒必争，为了繁殖而加倍努力。

一株轻木在六周内可以开出 2 500 朵花，产生大量的花蜜。

轻木一旦受粉，就能结出果实。轻木的果实呈圆形，有着绿色的外皮，内部填充着棉花似的绒毛。轻木的种子就包裹在里面。

扫码看视频

动物在轻木花之间穿梭，吃掉一朵花的花蜜，又去找另一朵花。在这个过程中，轻木的花粉会粘在动物的毛皮上，随着它们一起移动。

基纳巴卢山是东南亚非常高的一座山峰。山脚下，热带雨林繁盛茂密。随着海拔升高，山上土壤中的养分越来越少，植被的类型也随之发生变化。

# 大快朵颐

加里曼丹岛的基纳巴卢山生长着地球上最奇特的植物之一——猪笼草，这种植物从动物那里获取营养，有些甚至以动物为食！

猪笼草叶子的末端有一个瓶状的捕虫笼，捕虫笼形似猪笼，里面盛有消化液。有些捕虫笼很小，就像给洋娃娃用的杯子；有些则很大，容量可超过2升！每个捕虫笼的顶部都有蜜液，用来引诱昆虫。

昆虫一旦来到捕虫笼的边缘，就很容易失足跌落进去。那里面装的可不是花蜜，而是致命的消化液。昆虫一旦掉进去，就很难逃脱。它们的身体最终会被溶解，为猪笼草提供宝贵的营养物质。

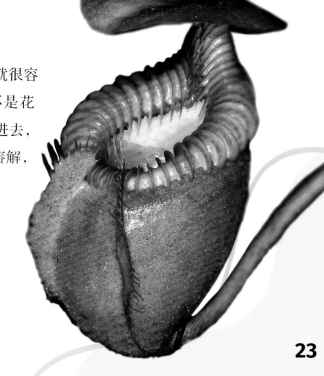

加里曼丹岛的猪笼草并非都以同样的方式获取营养。有些较大的猪笼草非常坚固，足够支撑一些小动物（比如蝙蝠和鼩鼱）停留在上面。这些小动物会来吃猪笼草的蜜液，而与此同时，它们常常直接把捕虫笼当成"马桶"，这样一来，它们的粪便就可以成为猪笼草需要的营养物质。

加里曼丹岛是世界第三大岛，岛上大约有 40 种猪笼草。
这里的热带雨林是地球上最古老的热带雨林之一。

24

# 见招拆招

叶子是植物的命脉，它们就像一个燃料供给站，获取太阳的能量，然后转化为糖，帮助植物生长。然而，动物可不会在意叶子对植物来说有多重要。很多动物都把植物的叶子当成一种既美味又易得的零食。

植物的叶子就好比它们的太阳能电池板，植物必须竭尽所能，保护自己的叶子。

"别再吃我了！"

有些植物会让自己的叶子尝起来很苦或者嚼起来纤维很多，以此来阻止饥饿的动物啃食。叶子纤维越多，动物就越难消化它们。

有些树，比如木棉树，会长出锋利的刺来保护自己不受伤害。

扫码看视频

叶片里有很多纤维素、木质素，这些成分不容易消化。树懒主要以树叶为食，为了消化树叶，树懒有一套自己的应对方法。树懒每天的睡眠时间长达 20 个小时，因此身体有足够的时间来消化胃里的东西。一片叶子从被树懒吃进嘴里到最终消化排泄，可能要经过整整一个月的时间！

树懒的胃有四个腔室，这能够让食物充分消化，从而获得尽可能多的营养。树懒常常倒挂在树上，这样它就可以最大限度地填满自己的胃而不会压坏其他器官。胃塞满后的重量可达树懒总体重的三分之一！

缓慢移动、超长睡眠……这样的生活方式可以帮助树懒节省体力，减少能量耗散。

# 斗智斗勇

　　热带雨林中有一种因本领独特而闻名的蚁类——切叶蚁，它们能够把植物的叶子割下来，扛着大块的碎叶片在地面上穿梭。切叶蚁会从各种各样的植物中寻找合适的叶子。它们需要灵活应变，因为一些植物会有自己的生存策略，让昆虫无法对自己造成严重的破坏。

这群切叶蚁正在辛勤劳作。它们切完叶子之后，并不会直接吃掉这些碎叶片，而是将其运往地下，送到长满真菌的蚁穴中。作为回报，真菌会长出微小的蘑菇。

对于切叶蚁来说，这些蘑菇可比硬邦邦的叶子好吃，也更容易消化。

这种隐藏在地下的真菌每小时能消耗掉数千片叶子！

一群切叶蚁可以在短短几分钟之内
瓜分完一大片叶子。

损失过多的叶子对于植物来说无异于灭顶之灾，所以当大约五分之一的叶子被破坏时，植物就会发起反击，它们会分泌一种毒素，并将其注入叶子中。

真菌消耗了这些含有毒素的碎叶片就会出现中毒的症状。这时，切叶蚁会意识到它们采来的叶子有问题，它们的"真菌农场"正因此遭到破坏。于是，接下来它们就不会再去取那些有毒的叶子了。

扫码看视频

完成了绝地反击的植物不再受到切叶蚁的攻击，剩下的叶子足以支撑自己恢复过来。切叶蚁本能地知道什么时候该从新的植物获取叶子，好让真菌继续茁壮生长。

在美洲大约有 40 种切叶蚁，它们可以独自搬运重量相当于自身重量 10 倍的东西，而且每分钟能前进一米多。

# 顶天立地

　　巨型树木是热带雨林的标志之一。巨树大多长有巨大的板根（看起来像木板的根），板根向上延伸，融入树干，为巨树提供额外的支撑，使其能够比周围的树木长得更高。东南亚的龙脑香就是这样一种巨树，其高度可达 90 米。

　　龙脑香的果实别具特色，包裹着果实的萼片好似一对翅膀。果实掉落时会依靠萼片旋转着降落到地面，仿佛小小的直升机。种子就包含在果实之中，昆虫、婆罗洲须猪、松鼠和长臂猿等各种动物都把龙脑香的果实当作开胃的食物。被吃掉的果实里有数以百万计的种子，种子被吃掉了，那么下一代的龙脑香从何而来呢？

答案在于数量和时机。成千上万棵龙脑香会同时结果，一举产生数十亿颗种子。即便是最饥饿的觅食者也不可能把这么多种子都吃光，总会有一些种子没有被吃掉，将来能够生根发芽。

龙脑香不仅在同一时间产生种子，还会等到合适的时机再结果实，以求最大限度保护好种子。它们大约每七年才结一次果，而结果的这一年就是所谓的丰年。

喜食龙脑香果实的婆罗洲须猪会与之同步，使自己的繁殖周期与丰年相吻合，以便自己与后代尽可能地有充足的食物。

扫码看视频

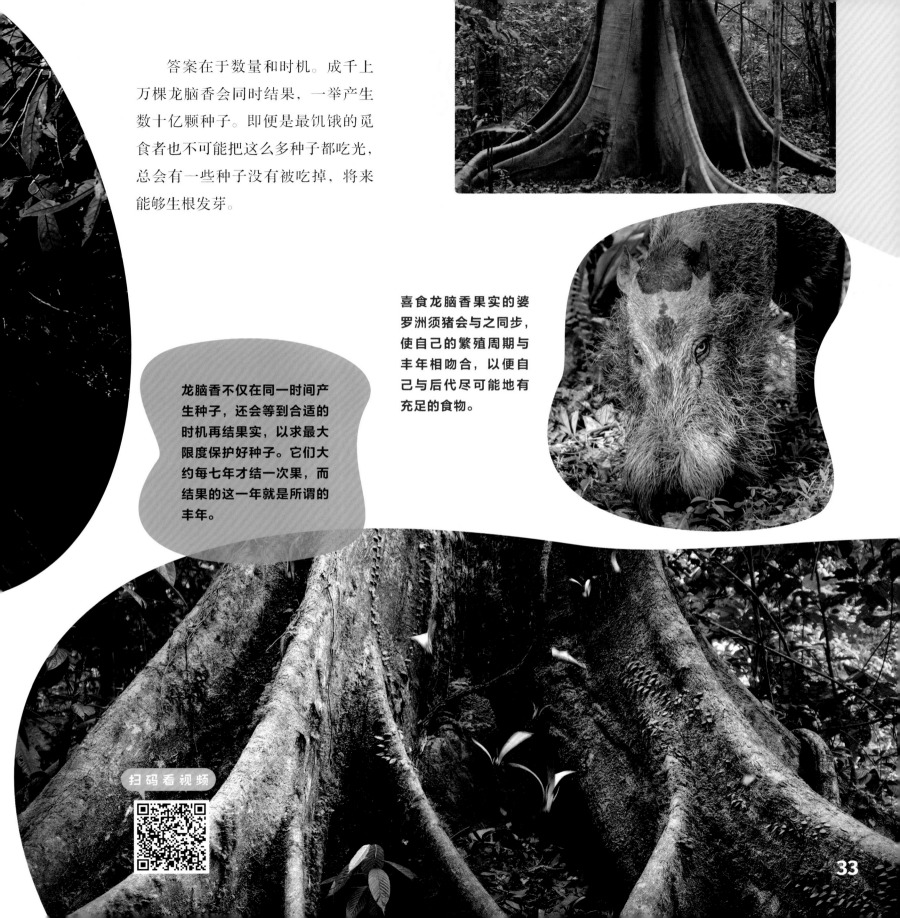

马来群岛是世界上第一大群岛，位于太平洋和印度洋之间，由亚洲东南部 20 000 多个岛屿组成。马来群岛上生长着大量的龙脑香。

# 臭气熏天

澳大利亚北端有着地球上最古老的雨林，这片雨林已经有 1.8 亿年的历史。和其他雨林一样，这里有一些树长得极高，成功地突破了林冠层。

这棵 50 米高的巨树是箭毒长药花，是澳大利亚雨林中最高的树之一。顾名思义，箭毒长药花能够产生一种剧毒物质，这种毒物曾被人们涂在飞镖和箭头上，用于打猎或战斗。

在迁徙季节，成千上万的群辉椋鸟来到澳大利亚，准备进入繁殖期。

需要找地方落脚的群辉椋鸟看中了箭毒长药花，因为这种树不仅高大，而且树干光滑，捕食的动物，尤其是蛇，很难往上爬。于是，群辉椋鸟成群结队地在高高的树枝上筑巢，以躲避捕食者。

然而，尽管树上相对安全，但是灾难仍旧频频降临。不是所有的鸟蛋和雏鸟都能一直安然无恙，它们很多都不幸地从枝头跌落到地面上。一旦掉落地面，就会引来成群的食腐动物，比如澳洲野犬、猛禽、蛇、青蛙、蟾蜍和昆虫。于是，它们就围绕树木形成了一个生态系统。

群辉椋鸟群还带来了一个大问题：

每年，它们会产生近四分之一吨臭气熏天的粪便！

扫码看视频

这些粪便含有有毒的化学物质。毒素会渗入土壤，被树木的根吸收，然后蔓延至整棵树。一棵参天大树就这样慢慢被毒死，最终轰然倒下。林冠层因此空出一个缺口，而腐烂的树干则成为热带雨林丰富的营养来源。

科学家们发现，群辉椋鸟群栖居的树木周围的物种数量比附近其他地区的物种多100～1 000倍。

# 相伴相生

　　来认识一下丛林中生长最快的附生植物：藤蔓类植物。藤蔓类植物的茎不够强壮，无法支撑自己直立，所以它们会借助其他植物向上攀爬，从而穿过林冠层去争夺阳光。为了追寻阳光，藤蔓类植物会缠上自己周围任何可以依附的"宿主"，不过它们并不会从"宿主"那里夺取任何东西。

　　藤蔓类植物长有卷须，卷须能紧紧缠绕住其他植物，从而支撑茎干，帮助自身生长。藤蔓类植物的卷须具有敏锐的触觉，它们会四处摸索，寻找可以依附的东西。随着"宿主"植物越长越高，藤蔓类植物的茎叶也就搭着向上的顺风车，离阳光越来越近。

　　有些藤蔓类植物会长出粗壮的木质茎，它们被称为木质藤本植物。木质藤本植物占据了热带雨林的很大一部分，它们从地面蜿蜒向上，穿过下层植被，一直延伸到林冠层。密密麻麻的木质藤缠绕在一起，可以给彼此提供支撑，还可以把其他植物捆绑在一起。

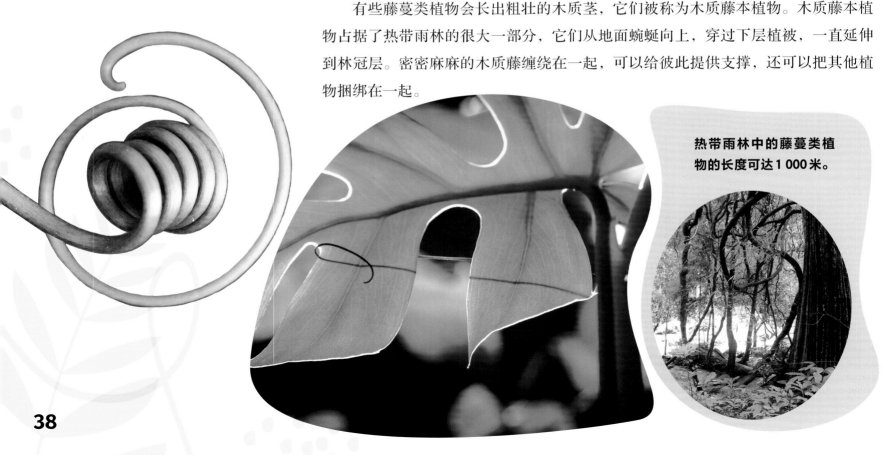

**热带雨林中的藤蔓类植物的长度可达1 000米。**

也有些藤蔓类植物并非那么无害。它们长着很多像小爪子一样的钩子，可以抓住"宿主"。如果遇到这种情况，"宿主"必须自卫，否则就只有死路一条。轻木的叶子上有一层光滑的绒毛，如同一层护盾，可以避免被这些钩子抓住。不过其他植物就不一定有这么好的装备了。

从上方俯瞰丛林，我们看到的叶子有一大半都是藤蔓类植物的。

与众不同

扫码看视频

　　大花草又叫大王花，是一种打破纪录和规则的植物。在大花草面前，我们之前对于植物的认识统统作废，因为它们没有叶子，也没有茎和根，甚至没有叶绿素，不需要进行光合作用！

　　大花草主要生长在东南亚。这种植物长在热带雨林的藤蔓类植物上，是一种寄生植物。然而，大花草对于宿主毫不仁慈，它们会从宿主体内汲取自己所需的水和养分，堪称植物界的"吸血鬼"！

　　大花草的花朵呈血红色，容易被误认作动物的尸体，因此它们得到了一个绰号——腐尸花。大花草的花朵表面很坚硬，有疣状突起，看上去就像长了毛皮、胡须甚至牙齿。大花草的气味也很像腐尸，非常难闻。

大花草的所有特点都是为了引来苍蝇。这一招很奏效，苍蝇确实会被大花草的恶臭味吸引，落在花朵上，而这时花粉就会粘在苍蝇身上。苍蝇一旦飞到另一朵大花草上，就自然而然地帮大花草完成了传粉。

大花草卷心菜状的花蕾会开出世界上最大的花朵之一，一朵花可重达10千克，直径可以轻松达到一米。

大花草的花粉是一种胶状的黏稠液体，很容易粘在苍蝇的身上，然后变干。花粉在被转移到另一朵花之前，可以跟随苍蝇飞行数千米。

并非所有大花草属植物的花朵都是巨大的，最大的一种是阿诺德大王花，它们生长在苏门答腊岛、加里曼丹岛等地。

有些种类的大花草还会产生热量来帮助散播它们可怕的气味。

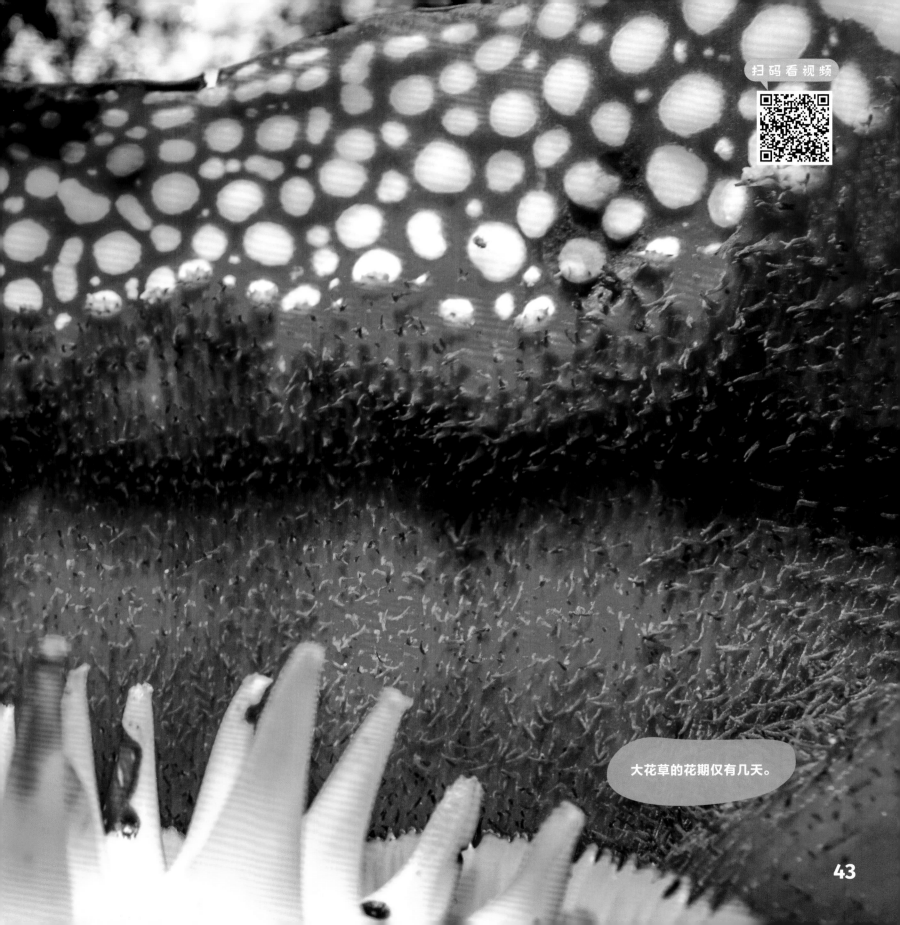

大花草的花期仅有几天。

# 争奇斗艳

为了吸引传粉者，一些热带植物争奇斗艳。它们往往会用艳丽的颜色、奇特的形状或者巨大的花朵，把昆虫从其他植物那里吸引过来。

热唇草

这株植物俗称热唇草，生长于中美洲和南美洲。热唇草的红色唇形部分实际上是生长在花朵底部的叶状结构，被称为苞片。但是苞片发挥着花瓣的作用，让昆虫和鸟类注意到花的存在。

如果你仔细观察，就能发现位于"红唇"之间的真正的花朵。热唇草的花朵小巧，内含花蜜。蝴蝶和蜂鸟在吸食热唇草花蜜时，身上会粘上花粉。

蝎尾蕉又被称为龙虾爪、鹦鹉花或者天堂鸟花。它们之所以有这些别名，看它们的样子就知道了。和热唇草一样，蝎尾蕉彩色的部分也是它们的苞片，而不是花。蝎尾蕉是蜂鸟最爱的植物之一。蜂鸟在其中觅食和筑巢，这能帮助花朵传粉。在美洲热带雨林的下层能找到很多种类的蝎尾蕉，它们是玻利维亚的国花之一。

**金嘴蝎尾蕉**

下图是蜂鸟喜爱的另一种植物，圆叶风车子，俗称猴刷藤。这种植物生长在南美洲北部，其长而色彩明亮的雄蕊看起来就像刷子。作为一种藤蔓类植物，它们需要依附于其他树木生长。除了蜂鸟，圆叶风车子还会吸引栖息在藤蔓类植物间的鬣蜥。

生长在东南亚的箭根薯可以从自身所处的环境中脱颖而出，吸引传粉者。它们的花是深紫色的，虽然颜色并不鲜艳，但花朵很大（直径可达 30 厘米），并且拖着长长的"胡须"。"胡须"的长度可超过花朵直径的两倍。箭根薯生长在热带雨林阴暗的下层，它们会抢在上方的花朵开花之前绽放，率先吸引昆虫和鸟类的注意力。

**圆叶风车子**

# 生存危机

我们都知道，热带雨林在面临威胁。人们正以极快的速度大面积破坏热带雨林。据说，每几秒钟就有一片相当于足球场大小的林地被砍伐。这些热带雨林的消失会导致物种灭绝和温室气体排放量的增加。现在的状况究竟有多糟糕？还有办法挽救吗？

扫码看视频

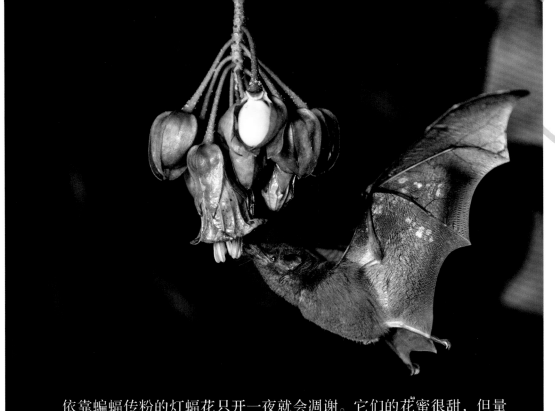

依靠蝙蝠传粉的灯蛾花只开一夜就会凋谢。它们的花蜜很甜，但量不大，好几朵花的花蜜才够一只蝙蝠吃。热带雨林的面积正在缩小，灯蛾花的数量在减少，蝙蝠也将因食物不足难以存活。灯蛾花和蝙蝠之间是相互依存的。没有了蝙蝠的帮助，灯蛾花会难以繁殖，渐渐绝迹。

当前，森林砍伐的速度比以往任何时候都快。在 20 世纪，将近一半的热带雨林遭到砍伐。

不过，只要我们愿意做出改变，就仍有希望让热带雨林恢复。

这些枝繁叶茂的树木生长在哥斯达黎加一片新生的热带雨林中。就在几十年前，这里的树木曾消失殆尽，取而代之的是饲养奶牛的草场。后来，生活在这里的人们将牛迁走，让这片土地上的植被自由生长，这片热带雨林才得以重获新生。

热带雨林的树木之所以被砍伐，是因为人们用来制作木材、纸浆或燃料，并为耕种、采矿和修路腾出空间。地球上超过一半的热带雨林已经消失。森林面积变得越来越小，只能够维持少量的生物种群。因为森林的碎片化，森林里的动物无法去往其他林区，这就给动物的繁殖带来了问题。生活在孤立的小片森林中的生物，无法像它们原本那样生存和繁衍。

哥斯达黎加的热带雨林可以再生，世界上其他被破坏掉的热带雨林同样也可以再生。现在还有补救的机会，我们应当采取有效的行动，挽救失去的森林。